Im Rudel Hund–Mensch

Simone Müller

Im Rudel Hund–Mensch

So räumt Ihr Missverständnisse aus

Leben | Rellin Verlag

Impressum

Reihe Leben| Rellin Verlag

Autorin | Simone Müller
Herausgeberin | Martina Rellin
Fotos | Peter Müller, Beate Plesse (Cover)
Redaktion & Gestaltung | Rellin Schreibwerkstatt Oybin
Druck | BoD Norderstedt
ISBN: 978-3-9814798-7-4
www.rellinverlag.de
info@rellinverlag.de

Liebe Leserin, lieber Leser,

wozu dieses Buch? Ich bin Simone Müller aus Mauschwitz in der Oberlausitz, viele Jahre habe ich Hundebesitzerinnen und Hundebesitzern geholfen, ihre Hunde besser zu verstehen. Dafür habe ich den Menschen das Verhalten ihrer Hunde aus Sicht der Wölfe erklärt und damit sehr viele Erfolge gehabt. Plötzlich konnten sich die Hundebesitzer in ihre Hunde hineinversetzen, konnten verstehen, warum die Hunde etwas machen – oder eben nicht machen. So haben wir viele Probleme zusammen gelöst.

Die Menschen haben umgedacht und in der Folge ihren Hunden für sie sinnvolle Aufgaben gegeben – schon war es vorbei mit vielem Stress im Miteinander. Profitiert haben auch die Hunde, die deutlich entspannter wurden und endlich Freude an ihren Aufgaben hatten.

Irgendwann haben immer mehr Interessierte bei mir angerufen. Weinend und verzweifelt erzählten sie am Telefon von ihren Sorgen und ich konnte nicht „Nein“ sagen, ich wollte doch helfen! Aber auch mein Tag hat nur 24 Stunden, wir haben einen Hof mit großem Grundstück, unserem Hund Finn, Pferden, Katzen, Hühnern und Schafen. Das alles muss versorgt werden.

Über die Jahre habe ich mich schleichend komplett übernommen. Am Ende kam heraus, dass ich mir unbedingt mehr Zeit für mich nehmen muss und so habe ich mich schweren Herzens entschieden, mit meiner wirklich geliebten Hundeschule aufzuhören. Weil viele von Euch immer wieder gefragt haben, ob ich ihnen nicht meine Erfahrungen und Tipps einfach einmal aufschreiben könnte, entwickelte sich bei mir die Idee zu diesem Buch. Ich möchte ja immer noch helfen und dieses Buch ist für mich nun eine Möglichkeit, Hundebesitzern und vor allem auch den überforderten Hunden zu helfen. Das Buch soll wahren Hundefreunden und -freundinnen so einfach wie möglich erklären, was sie tun können und auch, was sie nicht tun sollten, um mit ihren Hunden eine gute Bindung aufzubauen. So können Menschen und Hunde als Familie wie ein Rudel gut zusammenleben.

Wie umgehen mit diesem Buch?

Leserinnen und Leser sind so verschieden wie Hunde. Die einen lesen von A-Z – viele suchen aber auch nach Stichwörtern, die für ihre aktuelle Lage passen (dafür hat das Buch ein Inhaltsverzeichnis und eine Kleine Schnüffelnase (ab Seite 61). Ich habe mich bemüht, das Buch dünn zu halten, damit Ihr mehr Zeit für Eure Hunde habt ... Egal, wo Ihr loslest im Buch: Legt los mit Euren Hunden und Ihr seid auf dem besten Weg zum guten Team!

Ja, Ihr lest richtig: als Familie zusammenleben und dabei schauen, wie das die Wölfe machen in ihren Rudeln. Ich habe diese Sichtweise tief verinnerlicht.

Der Hund stammt zu 99 Prozent vom Wolf ab. Und wenn wir Menschen uns viele unserer Verhaltensweisen damit erklären, dass unsere Vorfahren Jäger und Sammler waren (Ihr wisst schon, das mit den Frauen in der Höhle am Feuer und den Männern, die draußen auf die Jagd gehen) – warum sollen wir dann nicht auch schauen, was beim Hund anders ist als beim Menschen, weil der Hund eben diese Wolfsverwandtschaft hat?

Seit ich dieses Prinzip verstanden habe, ist es für mich leicht, mich in die Sichtweise der Hunde hineinzuversetzen. So kann ich helfen, Missverständnisse zwischen Mensch und Hund aus der Welt zu schaffen und den Hunden sinnvolle Aufgaben zu geben, damit alle glücklich sind.

Meine Grundidee für dieses Buch war, anhand von typischen Beispielen aus meiner langjährigen Praxis und mit einigen wenigen wichtigen Verhaltensanregungen Hilfestellung für das ganz alltägliche Zusammenleben mit unseren Hunden zu geben. Dazu gibt es die aus meiner Sicht wichtigsten Grundlagen und Infos über die beliebtesten Missverständnisse.

Das hier ist *kein* Hundeausbildungsbuch und *kein* Nachschlagewerk für jedes Problem, das in Hund-Mensch-Beziehungen entstehen kann. Aber wenn man dann einige Grundideen zum Umgang mit seinem Hund kennt, kann man sehr Vieles besser verstehen und viel bewirken. Das möchte ich gerne vermitteln.

Und ich sehe dieses Buch auch als Chance, viel mehr Menschen zu erreichen, als ich es persönlich je könnte, also von Angesicht zu Angesicht. Ich weiß ja: Die meisten Menschen wollen wirklich von Herzen das Beste für ihr Tier. Ich zeige Euch hier also einen Weg, das zu erreichen – gemeinsam *mit* Euren Hunden.

Eure Moni

Inhalt

Der Hund als Wolf in der Familie

Wie ich unser Miteinander sehe

99 Prozent der Gene von Hund und Wolf sind identisch. Das übrige ein Prozent ist vor allem, wenn auch nicht ausschließlich, für das Aussehen entscheidend. Was sagt uns das? Rudel- und Sozialverhalten, Familienbeziehungen, Jugendentwicklung und so ziemlich alle Instinkte und Fähigkeiten von Wolf und Hund sind dieselben.

Der Wolf hat eine ganz andere Lebenswelt als der Hund. Wölfe müssen jagen, Geschlechtspartner finden, um sich fortzupflanzen, sie müssen fürs Überleben Streit in der Familie minimieren und das Revier markieren und wenn nötig auch verteidigen. Der Hund dagegen soll heutzutage für Menschen vor allem Gefährte sein, Spielpartner, vielleicht Kuscheltier und vor allem soll er nett sein – zu Menschen, Katzen und anderen Tieren und auch zu fremden Hunden.

Mal ehrlich – wie soll das gehen, wo der Hund doch so viel vom Wolf in sich trägt? Diesen Widerspruch will ich in diesem Büchlein ein klein wenig beleuchten und damit auch zur Lösung von Missverständnissen zwischen Mensch und Hund beitragen – viele Probleme lassen sich lösen, wenn man versteht, wie sie entstehen.

Was tun wir zum Beispiel, wenn wir mit unserem Hund spazieren gehen? Wir denken: Schönes Wetter, der Hund muss sich doch bewegen, gehen wir raus. Würde ein Wolf wegen des schönen Wetters spazieren gehen? Würde er überhaupt spazieren gehen?

Unser Hund sieht entsprechend in unserem Spaziergang etwas ganz anderes als wir, er sucht nach Funktionen und Aufgaben, die wir unserem Hund auch tatsächlich – unbewusst – übertragen. Zum Beispiel: Markier dein Revier, prüfe, wer sonst noch diesen Weg genommen hat, und verteidige, was dir gehört! Der Hund lässt sich nicht lange bitten: Er markiert, so hoch er sein Bein heben kann, mit seinem Urin den gegangenen Weg (so ähnlich, wie wir Menschen um unser Eigentum einen Zaun bauen). Kommt uns beim Spaziergang ein anderer Hund entgegen, will unser Hund dann natürlich sein Revier gegen diesen „Eindringling" verteidigen, was wir Menschen gar nicht möchten. Bei unserem Hund war angekommen: Wir sind draußen, Revier markieren und dann kümmere dich darum!!! Kaum ein Mensch erwartet von seinem Hund, dass er beim Spaziergang ihn oder das Revier verteidigt oder sogar Beute zum Nahrungserwerb jagt.

Missverständnisse wie dieses sind es, die das Zusammenleben von Mensch und Hund manchmal sehr belasten. Dabei sind wir, also Menschen und Hunde, uns in vielen Dingen unheimlich ähnlich, vor allem im Sozialverhalten. Auch Wölfe sind sehr soziale Wesen, kümmern sich um ihr Rudel, sie sind eine Familie. Wölfe kümmern sich – wie wir Menschen – um ihre Nachkommen, versorgen sie, setzen Grenzen, bereiten sie fürs Leben vor. Junge Wölfe lernen zum Beispiel mit sechs Monaten, was und wie gejagt wird und wie dazu das Rudel zusammenarbeiten muss.

Bei Wölfen wie Menschen kommt der Tag, an dem die Nachkommen die Familie verlassen, dann wird es jeweils ein neues Rudel, eine neue Familie geben. Der große Unterschied zwischen unseren Hunden in unseren Familien und dem Wolfsrudel ist, dass unsere Hunde nicht irgendwann abwandern, sondern ein Leben lang mit uns zusammenbleiben sollen. Und darum brauchen wir ein Miteinander, das für Menschen wie die eigentlich wölfischen Hunde passt.

Anrufe bei Moni: Hilfe, unser Hund ...

Wenn der Hund das Schaf angreift

Schluss mit Revierverteidigung und her mit Vertrauen ...

Ich bekomme einen Anruf von einer Frau, die sehr verzweifelt ist – ihr Boxer-Rüde hat einen Schafbock schwer verletzt und sie weiß nicht, warum er das getan hat. Wird er es wieder tun? Davor hat sie natürlich Angst. Sie bittet mich um Hilfe.

Ein paar Tage später fahre ich zu der Familie. Sie wohnen hübsch, ein Hof mit Grundstück, schöne Umgebung mit Wald und Wiesen. Wir gehen zusammen raus und ich beobachte den Hund. Alle paar Schritte hebt er ein Hinterbein, hebt es so hoch wie möglich und setzt seinen Urin ab, er markiert, um zu zeigen: Das hier ist mein Revier. Uns läuft eine Katze über den Weg, die Hundebesitzerin registriert das auch, schaut auf ihren Hund – wie reagiert der? Aha. Mit Ziehen an der Leine.

„Wie ist denn der Vorgang mit dem Schafbock abgelaufen?", frage ich die Besitzerin. Sie erzählt: Beim Spazierengehen graste rechts am Weg eine Schafherde. Die Frau schaute zu den Schafen, dann schaute sie ihren Hund an, um zu sehen, was er macht. Mir ist sofort klar: Der Rüde versteht das als Aufforderung: Kümmere dich darum. Denn Hunde kommunizieren über Blick-Kontakt, was die Besitzerin offenbar nicht wusste. Nach ihrem Blick startet der Rüde jedenfalls sofort durch, geht auf den Schafbock los und verletzt ihn schwer; auch der Hund wird vom Schafbock schwer verletzt. Die

Hundebesitzerin steht fassungslos dabei und versteht das alles nicht.

Wir kehren zurück in die Wohnung, setzen uns an den Wohnzimmertisch und der Rüde legt sich auf meine Füße. Er sucht Nähe. Die Besitzerin ist fassungslos und verzweifelt. In ihre Nähe kommt ihr Hund seit dem Vorfall nicht mehr, er geht ihr aus dem Weg und sie versteht nicht, warum.

Dabei ist die Sache ganz einfach: Bei der Begegnung mit den Schafen wollte die Besitzerin nur schauen: Was macht mein Hund? Ist er gelassen und entspannt, trotz Schafherde? Das ist das typische Menschenverhalten. Aus Hundesicht oder Sicht eines Wolfsrudels sieht die Sache anders aus, da kommt an: Ich bekomme eine Aufgabe (über den Blickkontakt), soll mich darum kümmern, also renne ich los. Warum das so ist? Ein Wolf geht nie allein auf Jagd, auch Revierverteidigung ist Team-Arbeit! Der Hund hat die Frau und sich natürlich als Team aufgefasst – und letztlich die böse Erfahrung gemacht: Er kann ihr nicht vertrauen. Die Folge: Er geht ihr aus dem Weg und sucht keine Nähe mehr zu ihr.

Für die Frau ist meine Erklärung nachvollziehbar und wir machen einen Plan, um das Vertrauen wieder zu schaffen.

Hausaufgaben:

- Ab sofort geht die Besitzerin nicht mehr spazieren mit ihrem Hund – er soll lernen, dass er sich nicht um ein Revier „kümmern“ muss, dieses Kümmern ist eine große Verantwortung für den Hund. Der Hund kommt also nicht mehr raus, er markiert nicht mehr. Wenn der Hund (vor allem morgens) sein Geschäft macht, weil er Druck auf der Blase hat, wird in dem

Moment, wenn er sich löst, ein Signal gesagt, zum Beispiel: „Mach Gassi“ oder „...“. Für den Hund ist das ein akustisches Signal, man kann da jedes Wort nehmen. Wenn für den Hund klar ist, dass er sich seinen Urin fürs Markieren nicht mehr aufheben muss, wird er sich lösen, wenn wir es ihm sagen (zum Aufbau von Signalen: mehr Seite 50). Es dauert vor allem bei Rüden eine Weile, bis sie sich sicher sind, dass sie sich nicht mehr um das Revier kümmern müssen. Das macht mein Hund Finn seit vielen Jahren, er markiert nicht unser Revier, also muss er sich auch nicht darum kümmern. Wenn wir zusammen unterwegs sind, meldet er, wenn ihm etwas auffällt, aber darum kümmern ist unsere Aufgabe. Ich höre immer wieder von Kunden: Das ist doch aber *sein* Revier. Nein, es ist *unser* Revier! Team-Arbeit: Er meldet da ist was, *wir* kümmern uns darum und nehmen dem Hund die Verantwortung.

• Wir räumen den Napf weg und füttern nur noch aus dem Futterbeutel. Wenn ich mich meinem Finn mit dem Futterbeutel nähere, ist aus seiner Hunde- oder Wolfssicht klar: Sie war auf Jagd, sie hat Beute gemacht. Ich reiße den „Hasen“, also den Futterbeutel, auf und der Hund darf alles leer fressen. Die „Hasen-Haut“, also der Beutel, wird wieder weggelegt, fürs nächste Mal. Der Hund versteht: Nur das in dem Beutel ist unsere Beute. Auch das funktioniert wie im Wolfs-Rudel, auch da erklären die Elterntiere auf diese Weise, was und wie gejagt wird (mehr zur Futterbeutel-Suche: Seite 43).

- Wir fangen mit der Futterbeutelsuche an, wenn der Hund ein paar Tage sein Futter nur noch ausschließlich aus dem Beutel bekommen hat. Wir beginnen drinnen, in der Höhle. Der Hund sitzt auf seiner Decke, der Mensch legt den Beutel hinter sich ab und wenn der Hund den Besitzer mit Blickkontakt fragt: Darf ich? Dann darf der Hund den Beutel holen. Der Mensch nimmt dem Hund den Beutel aus dem Maul, mit einem Signal, zum Beispiel „Apport", und reißt den Beutel auf, der Hund darf sofort alles leer fressen.

Fazit:

In kürzester Zeit hat sich die Beziehung vom Rüden zu seiner Besitzerin wieder verbessert, das Vertrauen kam zurück und alle waren glücklich.

Was da passiert ist, nennt man Beziehungsarbeit. Der Hund versteht (aus Wolfssicht): Es wird Beute gemacht im Team und der Mensch hilft mir, die Beute aufzureißen, damit ich fressen kann. Dem Rüden ist eine große Bürde genommen worden, nämlich sich alleine um das Revier zu kümmern. Und er hat eine wunderbare, lohnende Aufgabe im Team bekommen: die Beutel-Suche. Beutel-Suche ist anstrengend, weil der Hund alle anderen Gerüche, die er dabei auch wahrnimmt, ausblenden muss, um Erfolg zu haben. Ist er erfolgreich auf Jagd mit der Nase, erlebt er diesen Erfolg im Team gemeinsam mit seinem Menschen. Und er wird ja auch entsprechend gelobt.

Wenn der Hund das Kind anknurrt ...

Abstand und Nähe neu ausbalancieren

Meine Tochter Linda möchte in Urlaub fahren und fragt ihre Schwester Sara, ob die ihre Hündin Happy für ein paar Tage aufnehmen kann. Sara wohnt mit ihrer Familie in der Stadt, Mehrfamilienhaus, die Familie hat auch einen Garten. Happy ist ein Labrador-Mix und etwas unsicher Menschen gegenüber. Sara verspricht, die Hündin aufzunehmen. Sie kennen sich schon länger, auch ihr Sohn Jeremy, acht Jahre alt, und ihr Partner kennen die Hündin. Alle freuen sich riesig auf Happy, vor allem Jeremy, allerdings hatten sie längere Zeit keinen Kontakt mit dem Hund.

Happy kommt also in die Familie. Zwei Tage später ruft Sara mich an und ist verzweifelt: Happy hat Jeremy angeknurrt und geht keinen Schritt in seine Nähe. Jeremy ist sehr traurig, da er sich doch so auf Happy gefreut hatte. Ich lasse mir genau erzählen, was passiert ist. Als Jeremy von der Schule nach Hause kommt, läuft er voller Freude zu Happy, um sie zu streicheln, mit ihr zu kuscheln. Er läuft schnell auf sie zu – was Happy prompt verunsichert, sie knurrt ihn an. Jeremy bekommt natürlich Angst. Keiner in der Familie versteht, warum Happy so reagiert hat.

Was kann Sara tun? Ich schlage vor:

Hausaufgaben:

- Jeremy soll Happy jeden Tag direkt aus dem Futterbeutel füttern, das kennt die Hündin von zu Hause, der Futterbeutel ist sozusagen die Beute, „der Hase", der nach Hause gebracht wird (mehr zum Füttern aus dem Futterbeutel: Seite 43). Aus Hundesicht hat der Mensch Beute gemacht, denn der Hund weiß ja nicht, dass der Mensch das Futter kauft. Der „Hase" wird aufgerissen und der Hund darf komplett das Futter aus dem Beutel fressen, Jeremy legt den Beutel dabei nicht aus der Hand, Happy frisst ohne „Sitz", ohne warten zu müssen, sondern es geht direkt los. Bis der Hund vom Beutel weggeht, dann wird der Beutel (aus Hundesicht die Haut) weggelegt. Das macht der Kleine drei Tage lang.

Am vierten Tag fahre ich zu meinem Enkel, wir zwei gehen zusammen in den Garten und Jeremy versteckt den mit Futter gefüllten Beutel. Danach darf Happy in den Garten auf die Jagd. Sie schaut Jeremy an und fragt über Blickkontakt: Darf ich? Sie kennt das von zu Hause. Der Kleine schickt sie auf Jagd über das Signal „Such!" Happy rennt los, sucht über die Nase den Beutel, bringt ihn nach dem Signal „Apport!" zu Jeremy, er reißt die Beute sofort auf und Happy darf alles leer fressen. Sozusagen Teamarbeit.

Jeremy kennt das von mir. Wenn er bei Oma ist, gehen wir immer zusammen mit Finn auf Jagd mittels Futterbeutel. Das ist Beziehungsarbeit. Der Hund darf das tun, wofür er geboren ist, auf Jagd gehen zusammen mit dem Menschen – wie der

Happy sucht wieder die Nähe zu Jeremy und kuschelt sich auf sein Bein – Finn schließt entspannt die Augen, wenn er sich mit Jeremy im Rudel wohlfühlt

Wolf im Rudel. Es ist genau das, was der Wolf macht, um zu überleben.

Fazit:

Bereits nach zwei Tagen Jagdfreude zusammen mit Jeremy geht Happy von sich aus zu ihm und sucht seine Nähe, kuschelt sich an ihn ran und genießt. Alle sind glücklich und wieder entspannt.

Tipp
für Eltern mit Kind und Hund

Ein Hund kann schnell verunsichert sein, wenn ein Kind zu schnell auf ihn zukommt, sich über ihn drüber beugt oder allgemein schnelle Bewegungen in seiner Nähe macht. Besonders wenn der Hund auf seiner Decke liegt, kann es heikel werden. Der Hund liegt da, möchte Ruhe, da sollten Kinder nicht (!) hingehen. Das ist durchaus vergleichbar mit Menschen: Liegen wir im Bett, egal ob Kind oder Erwachsener, wollen wir Ruhe. Ein Hund kann uns das nur über Körpersprache oder über Knurren „sagen". Deshalb sollte es Rückzugsorte für Hunde geben, wo sie niemand stört. Das ist sehr wichtig für Hund und Mensch.

Anrufe bei Moni: Hilfe, unser Hund ...

Was Hund und Wolf im Wald wollen

... und was Menschen unter Spazieren verstehen

Kunden rufen mich an: Ihr Hund rennt im Wald davon, ist nicht abrufbar und sie wissen nicht, warum. Ich fahre zu den Kunden, um zu schauen, wie der Alltag der Familie und deren Hund abläuft. Als ich ankomme, sehe ich einen unsicheren großen Rüden. Er kommt nicht in meine Nähe. Der Hund ist ein Mischling, Alter zwischen sechs und acht Jahre, 42 Kilogramm schwer. Er ist aus dem Tierheim, die Rasse nicht bekannt. Die Besitzer wohnen in der Nähe einer Hauptstraße, gegenüber liegt ein großer Wald.

Die Familie erzählt mir von ihrem Alltag mit Hund. Die Familie geht mit dem Rüden jeden Tag im Wald spazieren, die Leine wird abgemacht und der Hund darf ohne Leine laufen. Na gut, auf in den Wald, Leine ab. Ich sehe, wie der Hund sozusagen mit der Nase unterwegs ist (mehr zur Hundenase: S. 60). Er rennt los – das „Komm her, hier, hierher!" der Besitzer verhallt zwischen den Bäumen. Der Hund ist nicht abrufbar. Warum? Für mich ist das klar: Weil er im Tunnelblick ist, er konzentriert sich vollkommen auf die Gerüche, da er aus Hundesicht – die die Wolfssicht ist – von seinen Besitzern einen Auftrag erteilt bekommen hat. Warum wohl geht ein Wolf in den Wald? Bestimmt nicht, um spazieren zu gehen. Um zu jagen!!! Also: Wenn die Hundebesitzer *nicht* wollen, dass ihr

Hund selbstständig jagen geht, sollten sie nicht mit ihm im Wald herumspazieren, und wenn – dann nur mit Leine. Denn unsere Hunde sind nicht wie wir Menschen, sie sagen sich nicht „Ach, heut ist schönes Wetter, wir gehen ein bisschen im Wald spazieren." Davon ganz abgesehen ist es in der Regel verboten, den Hund im Wald ohne Leine laufen zu lassen, der Wildtiere wegen!

Hundebesitzer geben gern zu bedenken: „Ja aber die Hunde müssen sich doch bewegen, sie müssen doch ausgelastet sein." Das ist so nicht richtig, ein Hund bewegt sich – wie ein Wolf – niemals sinn- oder ziellos. Auch könnte er viele Kilometer weit laufen, kommt nach Hause und fragt: Was machen wir jetzt? Zu Fuß können wir als Mensch einen Hund nicht ermüden oder gar erschöpfen. Gerade weil der Hund ein Jäger ist und das auch bleibt, sollten wir ihm Jagd-Aufgaben über die Futterbeutel-Suche (mehr Seite 43) erteilen.

Anrufe bei Moni: Hilfe, unser Hund ...

Wenn es an der Leine nicht läuft ...

Wie Radfahrer, Autos und Kutschen verunsichern

Die Frau am Telefon ist mit ihrem Latein am Ende: Kaum ist sie mit ihrem Rüden an der Leine draußen unterwegs, geht das Gezerre los. Der Hund reagiert heftig auf alles, was sich bewegt – Passanten, Radfahrer, Autos ...

Die Besitzerin und ich verabreden uns in der Stadt, um nach Ursachen zu suchen. Ganz normal laufen wir zusammen durch die Altstadt, die Sonne scheint, in den schmalen Gassen sind nur wenige Menschen unterwegs ... Ich sehe, dass die Besitzerin ihren Hund immer wieder anschaut, sobald etwas entgegenkommt: ein anderer Hund, ein Auto, ein Radfahrer, einmal sogar eine Kutsche – egal, die Frau guckt zum Hund, will sehen, was der macht. Ein sehr übliches Verhalten der Menschen am anderen Ede der Leine.

Ich schlage der Frau vor, dass ich mal ein Stück mit dem Hund laufe. Sie ist einverstanden und ich gehe auf sie zu, ohne den Hund zu beachten, der knurrt zwar, aber ich nehme die Leine und laufe los. Der Hund ist – was Wunder – sehr verunsichert, er will nicht mit. Ich gehe einfach weiter und ignoriere ihn, noch reicht die Länge der Leine. Nach ein paar Schritten hocke ich mich in Laufrichtung hin, ohne den Hund anzusehen. Hinter meinem Rücken halte ich in der Hand Futter – in seine Richtung. Er kommt langsam näher, nimmt natürlich das

Futter. Ich gehe weiter und er bleibt bei mir. Ich schaue ihn konsequent nicht an, weil ihn das verunsichern würde.

Da kommt ein Auto gefahren, ich sehe im Augenwinkel, wie der Hund hin will und dränge ihn mit meinem Körper zurück, ohne Worte, ohne zu ihm zu schauen. Der Hund reagiert sofort und weicht zur Seite. Von diesem Zeitpunkt an läuft er hinter mir, ohne dass ich ihm das sagen musste.

Es begegnen uns Autos, Radfahrer und sogar Hunde – und er reagiert nicht mehr darauf. Wenn uns ein anderer Hund entgegenkommt, mache ich einen Bogen, weiche dem fremden Tier aus, und merke, dass unser Rüde immer sicherer wird. Er orientiert sich nur noch an mir.

Zum Schluss legt sich der Hund auf meine Füße und sucht Nähe. Ich lasse es zu und genieße es. Die Besitzerin bedankt sich und sagt mir, ich hätte ihrem Hund jetzt Leinenführigkeit beigebracht. Das war es aber nicht. Ich habe dem Rüden einmal eine Grenze gesetzt und ihm dadurch eine große Verantwortung abgenommen, nämlich die Aufgabe, sich um unsere Sicherheit zu kümmern. Der Hund fühlt sich nun sicher, da ich alle Entscheidungen treffe und mich selbst um unsere Sicherheit kümmere. Deshalb orientiert er sich am Menschen am anderen Ende der Leine, für ihn ist alles klar. Wenn wir schon das Wort Leinenführigkeit benutzen, sollten wir wissen: Die hat etwas mit Führung zu tun – wer vorn geht, hat die Verantwortung! Und das geht ganz ohne Gewalt.

Die Besitzerin ist immer noch sprachlos und ich schlage vor, dass wir noch ein Stück gehen, aber nun nimmt sie den Rüden an die Leine.

Wir laufen weiter in der Stadt, sie vorneweg, ich hinter ihr, um zu beobachten. Uns kommt eine Frau mit Hund entgegen

Im Rudel spricht man auch Körpersprache: Blocken ist wie „Tür zu" – wir versperren dem Hund mit unseren Beinen den Weg.

Beim Weichen geht der Blick keinesfalls zum Hund, wir laufen geradeaus, als wollten wir durch den Hund durchlaufen. Ergebnis: Der Hund weicht aus.

und ich sage zu der Besitzerin: „Jetzt nur noch auf den Baum auf der anderen Straßenseite schauen, nicht den eigenen Hund und auch nicht den fremden anschauen.“ Unser Rüde läuft auf die Seite, auf der uns der fremde Hund entgegenkommt; als die Kundin aber nicht reagiert und nur zum Baum schaut, wechselt ihr Hund sofort auf ihre andere Seite, weg vom entgegenkommenden Hund. Die Besitzerin ist fassungslos. Ich erkläre ihr: Da sie ihren unsicheren Hund *nicht* angeschaut und den anderen ignoriert hat, war für den eigenen Rüden klar: keine Gefahr, kein Auftrag.

Anrufe bei Moni: Hilfe, unser Hund ...

Wenn schon der Welpe beißt ...

Wie der Auftrag für Sicherheit überfordert

Ich bekomme einen Anruf von einer Frau, ihr Hund, ein drei Monate alter männlicher Labradorwelpe, ist gegenüber Menschen körperlich geworden. Die Familie wohnt in der Stadt in einem Haus mit Garten. Der Hund zieht an der Leine und geht beim Spazierengehen auf andere Hunde los. Die Familie versteht nicht, warum er das macht, die Frau bittet um Hilfe.

Wir vereinbaren einen Termin, ich fahre hin. Nach dem Klingeln macht die Besitzerin die Tür auf, um mich reinzulassen. Im Hintergrund bellt der Hund, kommt angerannt und springt mich an. Ich bitte sie, den Hund anzuleinen, wir setzen uns und besprechen den Alltag der Familie. Um den Hund auszulasten, wie die Frau sagt, geht die Familie jeden Tag mit ihm spazieren. Sein Futter bekommt er aus dem Napf. Die Türen im Haus sind über den Tag offen, damit der Hund immer überall hinkann. Er ist oft im Eingangsbereich, das heißt, er kümmert sich um die „Höhle". Sobald er was hört oder sieht, bellt er. Aus seiner Hundesicht hat er die Aufgabe, sich um die Sicherheit zu kümmern, da er im Eingang Wache hält. Der Hund darf auch allein in den Garten, damit er sich bewegen kann.

Nach dem Gespräch gehen wir zusammen raus, verlassen den Garten. Ich sehe beim Laufen, dass der kleine Labrador mit der Nase das Territorium abschnüffelt, was aus seiner Hunde-

(oder Wolfs-) Sicht heißt, er kümmert sich um sein Territorium, er prüft, wer hier war. Auch hebt er immer wieder das Bein an Bäumen, so hoch wie möglich, damit andere Hunde seine Markierung aus möglichst weiter Entfernung riechen können und wissen: Das ist sein Territorium. So machen es auch die Wölfe: Bein hoch, markieren, mein Revier! Bei Menschen ist das vergleichbar mit dem Ziehen eines Zaunes, der bedeutet: Das ist mein Grundstück, hier haben Fremde nichts zu suchen.

Hausaufgaben:

- Der Rüde soll nicht mehr in den Eingangsbereich und nicht mehr allein in den Garten, damit ihm die Aufgabe genommen wird, sich um die Sicherheit zu kümmern.
- Gefüttert wird der Hund nur noch aus dem Futterbeutel, nicht mehr aus dem Napf, damit wir beim nächsten Termin im Haus, also drinnen in der Höhle, mit der Futterbeutelsuche anfangen können (alles zum Füttern aus dem Futterbeutel: ab Seite 43). Der Hund soll lernen, was und wie künftig gejagt wird, womit er eine Aufgabe bekommt, wie auch der Wolf sie in seinem Rudel hat.
- Spazierengehen, also die bisherige Aufgabe, sich um das Territorium zu kümmern, findet ab heute nicht mehr statt.

Bei unserem nächsten Termin klappt die Futterbeutelsuche drinnen auf Anhieb gut. Wir probieren sie sofort auch draußen im Hof. Der Rüde sucht und findet den Beutel, gibt ihn über das Signal „Apport“ gut ab und die Besitzerin reißt den Beutel sofort auf, damit ihr Hund fressen kann. Teamarbeit!

Fazit:
Auch hier hat sich herausgestellt, dass der kleine Labrador-Rüde eher ein unsicherer Hund ist, der komplett überfordert war durch die Aufgabe, die ihm unbewusst erteilt worden war. Nun muss er sich nicht mehr ums Territorium kümmern und die Besitzerin berichtet mir später, dass es nun rund läuft, unterwegs mit dem Kleinen.

Anrufe bei Moni: Hilfe, unser Hund ...

Bälle werfen macht Hunde verrückt

... und wie das mit den Glückshormonen geht

Eine Familie braucht Hilfe – ihr Hund geht auf alles los, was sich bewegt. Sie wohnen auf dem Dorf in einem Haus mit großem Grundstück. Zum vereinbarten Termin klingele ich, werde hereingelassen und der Rüde, ein großer Schweizer Sennenhund, vier Jahre alt, kommt an mich ran, um zu erkunden, wer ich bin.

Auch hier erzählen mir die Besitzer als erstes den Tagesablauf des Hundes. Wenn sich die Familie am Tag im Freien auf dem Grundstück aufhält, ist der Hund mit draußen. Damit der Hund sich nicht langweilt und ausgelastet ist, werden jeden Tag ausgiebig Bälle geworfen, denen der Hund sofort hinterherrennt. Seit einiger Zeit rennt er aber darüber hinaus draußen einfach allem hinterher, was sich bewegt: Vögeln, Blättern oder anderen Tieren, die in sein Blickfeld geraten.

Ich erkläre aus Hundesicht, warum er das alles tut. Durch das Ballwerfen und Hinterherhetzen hat die Familie dem Hund beigebracht, allem was sich bewegt hinterher zu jagen. Natürlich unbewusst, sie meinten es gut.

Außerdem habe ich, als wir auf dem Hof waren, gesehen, dass der Hund draußen die ganze Zeit mit der Nase unterwegs ist und vor allem am Zaun intensiv schnuppert. Er hebt dort immer wieder das Bein, um über vorhandene Urinmarken zu markieren. Auf Nachfrage stellt sich heraus, dass auch die

Nachbarn Hunde haben und diese immer wieder am Zaun entlanglaufen und ebenfalls markieren. Außerdem gehen die Hunde am Zaun auch schon mal aufeinander los, sie knurren dann, bellen und springen.

Mich wundert das alles nicht. Ich erkläre der Besitzerin: Im Wolfsrudel lernen die Nachkommen von den Elterntieren, was und wie gejagt wird. Hier geht es ums Beute machen und fressen und also ums Überleben. Über das Ballwerfen lernt der Hund von uns: Es bewegt sich etwas, also hinterherhetzen! Für den apportierten Ball gibt es dann vielleicht ein Lob vom Besitzer.

Das Problem ist: Beim Hetzen schüttet der Hundekörper viel Adrenalin aus – der Hund hat Stress, also wird das entsprechende Hormon aktiv. Allerdings gibt es im Anschluss keine Ruhephase, denn ist der Ball apportiert, wird er wieder geworfen. Wölfe hingegen jagen im Rudel, dabei wird auch Adrenalin ausgeschüttet, das Rudel muss sich ja konzentrieren, das ist anstrengend. Wenn die Jagd erfolgreich war, was zugegebenermaßen nicht immer der Fall ist, fressen die Wölfe zusammen – zusammen! Jetzt wird der Botenstoff Serotonin – im Volksmund Glückshormon – ausgeschüttet und die Wölfe entspannen, ihr Überleben gesichert. Beim Menschen sähe das wohl so aus: Wir freuen uns, gleich gibt es Essen. Es kommt Speichelfluss und nach dem Essen sind wir im *Suppenkoma* und der Körper fährt runter, Pause und Entspannung. Das alles gibt es beim Bällchenspiel nicht.

Hausaufgaben:

- Keinen Ball mehr werfen.
- Kein Füttern aus dem Napf mehr im Haus.

- Ausschließlich aus dem Futterbeutel füttern, ohne ihn aus der Hand zu geben, denn das bedeutet aus Hunde- (oder Wolfs-) Sicht: Der Mensch hat Beute gemacht und der Mensch reißt die Beute (also den Beutel) auf und gibt etwas ab (Futterbeutel-Training: Seite 43)
- Der Hund bleibt draußen an der Leine und es wird nicht mehr markiert. Es wird ein Löse-Signal aufgebaut beim Sich-Lösen und beim großen Geschäft (wie das genau geht, steht auf Seite 50).

Nach ein paar Tagen fahre ich wieder hin. Der Hund wurde ausschließlich aus dem Beutel gefüttert. Wir fangen nun im Haus an, ihm die Strategien des Jagens beizubringen, was konkret heißt: Der Futterbeutel wird gefüllt, der Hund muss sitzen bleiben. Die Besitzerin entfernt sich einige Meter, legt den Beutel hinter sich ab und geht zu ihrem Hund, der sitzen geblieben ist. Der Hund schaut die Besitzerin an. Aus seiner Sicht fragt er über Blickkontakt: Darf ich? Sie schickt ihn über das Signal „Such“ los.

Als nächste Hausaufgabe darf der Hund den Beutel im Haus suchen. Wenn er den Beutel gefunden hat, trägt er ihn im Maul zur Besitzerin, die nimmt ihm den Beutel über das Signal „Apport“ ab, öffnet den Beutel und der Hund darf sofort losfressen, bis nichts mehr drin ist. Nach einigen Tagen hat der Hund gelernt: „Apport“ heißt „Gib ab, ich reiße die Beute auf“, also Teamarbeit.

Als das sicher funktioniert, fangen wir draußen mit der Suche nach dem Futterbeutel an. Die Besitzerin versteckt draußen im Garten den Beutel, danach holt sie ihren Hund und er darf, nachdem er über Blickkontakt gefragt hat, auf Suche gehen. Er findet den Beutel in kurzer Zeit über die Nase, er ist der Fußspur gefolgt. Auch der Wolf findet die Beute fast immer über seine Nase. Das ist sein wichtigstes Sinnesorgan, deshalb läuft der Wolf – wie auch unsere Hunde – am liebsten gegen den Wind bei der Suche nach der Beute oder unseren Fußspuren nach.

Fazit:

Die Familie ist fassungslos und begeistert, wie schnell ihr Hund den Beutel gefunden hat.

Der Rüde ist mittlerweile viel entspannter geworden, schaut mehr zu den Besitzern und orientiert sich mehr an ihnen. Er jagt nichts mehr – außer den Beutel über die Nasensuche. Diese Suche ist für den Hund sehr anstrengend, er muss alle anderen Gerüche ausblenden. Diesmal führt seine Jagd allerdings zum Erfolg, denn er findet und darf fressen. Dann kommt er zur Ruhe und entspannt.

Mein Satz dazu: „20 Minuten Beutel-Arbeit ersetzt drei Stunden Spazierengehen." Denn nach einem Spaziergang kommt der Hund nach Hause und fragt „Was machen wir jetzt?" Bei der Beutesuche hat der Hund Erfolg und kommt zur Ruhe.

Anrufe bei Moni: Hilfe, unser Hund ...

Wehe, wenn sie rausgelassen ...

Ein Tierheim-Hund kommt von der Kette

Eine Hündin, Schäferhund-Bordercollie-Mix, sieben Jahre, ist beim Spazierengehen und auch auf dem eigenen Grundstück nicht zu halten, wenn etwas vorbeikommt. Sie geht auf andere Hunde und auch Menschen los und hat auch schon einen Hund verletzt. Sie ist aus dem Tierheim. Die Besitzer meinten es doch gut – jetzt wissen sie nicht weiter und melden sich bei mir.

Die Leute wohnen auf dem Land, Haus mit Grundstück. Als ich ankomme, klingele ich am Grundstückszaun. Die Besitzer kommen raus – die Hündin ist schneller zu mir gerannt als die Besitzer hinterher. Die Hündin bellt und springt. Ich bitte die Besitzer, die Hündin an die Leine zu machen, was sie auch tun. Ich ignoriere die Hündin, schau sie nicht an, spreche sie nicht an und fass sie auch nicht an, damit sie sich beruhigt.

Wir setzen uns draußen an einen Tisch – die Hündin beruhigt sich nach einiger Zeit. Wir besprechen die Probleme. Die Hündin war, bevor sie ins Tierheim kam, fünf Jahre an der Kette angebunden, da hatte sie Dauerstress. Die Kunden wollten die Hündin retten und ihr ein schönes Zuhause geben. Am Tag, wenn ihre neuen Besitzer nicht da sind, kommt die Hündin in den Zwinger, die Besitzer möchten nämlich, dass ihre Hündin an der frischen Luft ist. Aus Hunde- oder auch Wolfs-Sicht hat die Hündin nun aber die Aufgabe bekommen, sich um das Territorium zu kümmern – was sie allerdings vom Zwinger aus nur durch Verbellen tun kann, da sie ja nicht raus darf. Mit ihrem Bellen hat sie „Erfolg“, denn jeder, der am Grundstück vorbei geht, wird ja verbellt und geht dann weiter. Die Hündin kann nicht wissen, dass die Passanten ohnehin weitergehen würden. Wenn der Postbote kommt, hat die Hündin ein besonderes Problem: Der Mann muss auf das Grundstück, um die Post in den Briefkasten zu werfen: Er wird also jeden Tag von der Hündin verbellt, immerhin ist der Zwinger genau gegenüber vom Hausbriefkasten. Weil der Postbote regelmäßig wiederkommt, wird die Hündin immer aggressiver.

Wenn die Besitzer nach Hause kommen, gehen sie mit ihrer Hündin gleich spazieren, damit sie ausgelastet ist. Nachts darf die Hündin ins Haus.

Ich schlage vor, dass wir zusammen raus gehen, ich will schauen, wie sich die Hündin verhält. Aha, die Hündin ist sehr mit der Nase unterwegs und markiert über den Urin. Schräg gegenüber wohnt eine Familie mit einem Rüden. Wenn die Hündin ihn sieht, rennt sie auf ihn los, verteidigt *ihr* Revier. Sie kommt aber nicht wirklich hin zu dem anderen Hund, da sie an der Leine ist

Wenn Freunde kommen, wird die Hündin immer sehr dynamisch begrüßt und wenn sie doch mal nicht beachtet wird, fordert sie Aufmerksamkeit ein mit Drängeln, Pfote auflegen, Anspringen und sie hat auch schon nach Menschen geschnappt. Die Hündin bekommt täglich ihr Futter aus dem Napf. Aus Hundesicht war also der Mensch auf Jagd und sie bekommt von der Beute was ab.

Wir gehen zurück auf das Grundstück und ich erkläre aus Hundesicht, was die Hündin für eine Aufgabe bekommen hat durch die Zwingerhaltung am Tag. Das ist auch der Grund, warum sie einen anderen Hund gebissen hat. Die Besitzer fragen, was sie tun sollen.

Hausaufgaben:

- Futter gibt es nur noch aus dem Futterbeutel ohne ihn aus der Hand zu geben, bis alles gefressen ist. Das soll als Vorbereitung dienen, später mit der Futterbeutel-Suche im Haus anzufangen und ihr damit eine sinnvolle Aufgabe zu geben (mehr zum Futterbeutel auf Seite 43).
- Die Hündin bleibt am Tag drinnen, damit ihr die Aufgabe, sich um das Grundstück zu kümmern, genommen wird.
- Auf das Grundstück kommt sie nur noch an der Leine.
- Markieren soll durch die Besitzer unterbunden werden. Dafür wird ein Lösesignal aufgebaut, für das Lösen und beim großen Geschäft (mehr zum Aufbau Löse-Signal: Seite 50).
- Wenn Besuch kommt und auch wenn die Besitzer nach Hause kommen, soll die Hündin erstmal ignoriert werden: Es gelten ab sofort die drei großen A-s: nicht ansehen, nicht anfassen und nicht ansprechen, bis sie sich beruhigt hat (mehr zu den 3 großen A-s: Seite 48).
- Es wird erstmal nicht mehr spazieren gegangen.

Nach drei Wochen haben wir den nächsten Termin – die Hündin ist deutlich entspannter geworden. Sie wurde nur noch aus dem Futterbeutel gefüttert (Besitzer reißen aus Hundesicht den Beutel, also den „Hasen“, auf und sie darf alles leer fressen. Der leere Beutel wird wieder weggelegt, für die nächste Jagd. Sie weiß, der Beutel ist ihre Beute).

Wir fangen mit der Beutelsuche im Haus an.

- Die Hündin bleibt auf der Decke
- der Beutel wird versteckt
- die Besitzerin kommt zurück
- die Hündin schaut sie an und dann darf sie los und suchen. Sie findet den Beutel, nimmt ihn ins Maul,
- die Besitzerin nimmt ihn über das Signal „Apport!“ aus dem Maul raus und reißt sofort auf
- die Hündin darf alles leer fressen.

Die nächste Aufgabe für die Besitzer ist dann später, den Futterbeutel draußen auf dem Grundstück zu verstecken. Die Hündin darf auf Suche gehen, wenn sie über Blickkontakt gefragt hat „Darf ich?“ Auch das klappt nach einiger Zeit prima und alles ist entspannter geworden.

Fazit:

Auch wenn Besuch kommt, ist sie ruhiger geworden und alle sind glücklich. Ziel erreicht!

Anrufe bei Moni: Hilfe, unser Hund ...

Der falsche Rat zum Stachelhalsband

Warum Abschalttraining eine Lösung ist und Gewalt keine

Ich bekomme einen Anruf von einer Familie aus der Stadt: Ein Hundetrainer hat ihnen zum Stachelhalsband beim Spazierengehen geraten für ihren Schäferhund, ein Rüde, sechs Jahre alt. Und außerdem solle er ab und zu mal eine richtig drüber bekommen! Ich bin sprachlos! Der Trainer habe erklärt: Wenn der Mensch sitzt und der Hund seinen Kopf dem Menschen auf die Beine legt, sei das dominant. Aha. Dass so ein Hund Menschen, Hunde, Radfahrer, Jogger, Autos und so weiter anbellt, versteht sich fast von selbst, oder? Die Familie jedenfalls weiß nicht weiter, sie möchte ihren Hund besser verstehen und ihn nicht schlagen.

Wir vereinbaren einen Termin und ich fahre hin. Schon nach dem Klingeln an der Tür höre ich den Hund bellen. Die Besitzer lassen mich in die Wohnung, ihr Rüde kommt auf mich zu, schnuppert an mir, ist körpersprachlich aber eher unsicher: Die Rute ist weit unten, die Ohren hat der Hund nach hinten gerichtet. Ich laufe bis zum Stuhl, ohne den Hund anzusehen, anzusprechen oder anzufassen (die berühmten 3 großen A-s, Seite 48). Er beruhigt sich relativ schnell wieder, da er merkt, dass ich keine Gefahr bin und entspannt bleibe.

Wir besprechen den Alltag des Rüden. Es ist wie üblich: Täglich gehen die Kunden mit ihm spazieren, er bekommt sein Futter im Napf. Ich schlage vor. „Wir gehen raus, damit ich sehen kann, was Ihr Hund dort macht." Wir nehmen seine Decke und ein Stück Knochen mit. Der Hund ist an der Leine und er geht vor den Besitzern aus dem Haus raus. Das heißt aus Hundesicht: Ich übernehme die Verantwortung!

Draußen macht der Hund das, was andere Hunde auch tun: Er markiert das Revier mit seinem Urin, zieht an der Leine, als uns ein Radfahrer entgegenkommt. Und die Besitzerin tut, was andere Hundehalter auch tun: Sie schaut den Hund an, um zu sehen, was er macht.

Ich schlage vor, dass wir uns auf eine Bank setzen, an einem großen Platz mit Blumen und Gehweg. Der Rüde soll unter die Bank, soll also im hinteren Bereich sitzen, damit er nicht allein durch seine Position Verantwortung bekommt. Ich lege seine Decke unter die Bank, den Knochen dazu. Ich empfehle der Kundin, ihren Hund nicht anzusehen, um ihm keinen Auftrag zu erteilen. Sie soll ihn komplett ignorieren, wenn ein Hund, Mensch oder etwas anderes vorbeikommt.

Wir sitzen und unterhalten uns. Der Rüde kaut entspannt auf seinem Knochen. Es kommen Menschen vorbei, mit Rad, mit Hunden an der Leine, jeder Hund hebt sein Bein genau an den Stellen, wo die anderen Hunde markiert haben. Das heißt aus Hundesicht: Mein Revier, nicht dein Revier!

Wir beobachten: Wenn andere Hundebesitzer beim Spazierengehen aneinander vorbei gehen, bellen sich die Hunde untereinander an und zerren an den Leinen. Aus Hunde- oder Wolfs-Sicht heißt das: „Ich habe hier mein Revier!" Alle haben markiert und darum der Streit um das Revier.

Ich lenke die Besitzerin mit Gesprächen ab und sie merkt: Ihr Hund ist friedlich und reagiert auf nichts. Sie kann es kaum fassen, dass ihr Hund ruhig bleibt. Im Augenwinkel sehe ich, dass der Rüde immer, wenn jemand vorbeigeht, die Besitzerin anschaut. Da diese aber nicht reagiert, schüttet sie auch keine Stresshormone aus – denn selbst wenn wir Menschen versuchen, nicht zu reagieren, aber trotzdem aufgeregt sind, riecht das der Hund.

Ich erkläre meiner Banknachbarin die Welt aus Hundesicht: dass sie ihm einen Auftrag gibt, wenn sie ihren Hund ansieht, weil etwas entgegenkommt. Hunde sind oft mit den unglaublich vielen Geräuschen, Bewegungen und Gerüchen um sie herum komplett überfordert. Sie können diese vielen Signale nicht einschätzen und aus Überforderung reagieren sie dann so, wie Menschen es bestimmt nicht wollen.

Hunde wie Wölfe riechen und hören viel mehr als Menschen und wissen leider nicht immer, was eine Gefahr sein könnte und was nicht.

Um die Überreaktion von Hunden abzustellen, nutze ich das sogenannte Abschalttraining, das heißt: Ich setze mich mit Mensch und Hund an eine feste Stelle, damit der Hund die Möglichkeit hat, alles um sich herum zu beobachten, während er sich gleichzeitig über das Futter beruhigt. Er ist nicht in Bewegung und kann so die ganzen Geräusche, Gerüche und Bewegungen besser einschätzen.

Aber wie ist das mit der angeblichen Dominanz des Rüden? Was die Sache mit dem Kopf anlegen betrifft, sucht der Hund in der Regel Nähe, vergleichbar mit uns Menschen, wenn zum Beispiel ein Kind zu uns kommt und sich an uns herankuschelt. Ist das dann Dominanz? Nein! Es sucht Nähe, genauso wie wir Erwachsenen auch Nähe suchen zu unserem Partner, zu unserer Partnerin. Das gibt uns Halt, Sicherheit und ein gutes Gefühl. Hunde und Wölfe sind sehr soziale Rudeltiere!

Was kann die Familie tun, damit ihr Rüde entspannter wird und eine für ihn sinnvolle Aufgabe bekommt? Wir besprechen die

Hausaufgaben:

- Nicht mehr spazieren gehen, dafür mit dem Auto so nah wie möglich an einen belebten Platz fahren und Abschalttraining machen mit Decke und Futter, damit der Rüde sicherer wird mit Geräuschen, Gerüchen
- Ein Lösesignal aufbauen für Urin und Kot in dem Moment, wenn der Hund sich löst. Damit startet man am leichtesten morgens nach dem Schlafen, da ist es für die Besitzer am berechenbarsten (mehr zum Aufbau eines Löse-Signals: Seite 50)
- Den Futterbeutel für den Rüden als seine „Beute" aufbauen. Er bekommt komplett sein Futter nur noch aus dem Beutel (Aufbau Futterbeutel-Arbeit: Seite 43)
- Den Rüden nicht anschauen, wenn etwas oder jemand entgegenkommt. Einfach weitergehen und wenn man zu zweit läuft, am besten miteinander reden, über Wetter, was es zu essen gibt oder was auch immer. Das lenkt uns ab und wir schütten keine Stresshormone aus. Aus Hundesicht sind alle entspannt, also keine Gefahr!

Nach drei Wochen haben wir den nächsten Termin. Ihr Rüde ist nicht mehr so schnell aufgeregt, wenn er etwas Interessantes hört oder sieht. Wir fangen in der Wohnung mit der Beutelarbeit an (der Hund bleibt, der Beutel wird versteckt. Besitzer geht zum Hund und über Blickkontakt kommt das Signal „Such Beutel!“ Er findet, der Besitzer nimmt den Beutel aus dem Maul über das Signal „Apport!“ und der Rüde darf sofort alles leer fressen).

Als das nach drei Wochen klappt, beginnen wir mit der Futterbeutelsuche draußen. Der Hund ist an der langen Leine, der Beutel wird mitgenommen und nach einer Weile fallen gelassen. Wir gehen weiter, nach ein paar Metern bleiben wir stehen. Der Hund schaut den Besitzer an, der schickt ihn ins „Such“, der Rüde darf an der langen Leine mit der Nase suchen, findet, nimmt den Beutel ins Maul und wir laufen zusammen wieder nach Hause. Dort bekommt er dann komplett sein Futter aus dem Beutel. Der Rüde hat aus seiner Sicht die Beute nach Hause getragen und sich für nichts anderes mehr interessiert.

Fazit:

Er ist entspannter geworden und orientiert sich viel mehr an seinen Besitzern. Er hat eine für ihn sinnvolle Aufgabe bekommen: Beute machen im Team, über die Nase, wie der Wolf.

Er markiert sein Revier nicht mehr, auch diese Aufgabe ist ihm genommen worden. Lösen kann er sich trotzdem, über das gelernte Signal. Die Beziehung zu seinen Besitzern ist inzwischen viel besser. Alle sind glücklich, ich eingeschlossen.

Monis Grundlagen

Arbeit mit dem Futterbeutel

Der Schlüssel für die gute Beziehung Mensch – Hund

Um unseren Hunden wieder eine für sie sinnvolle Aufgabe zu geben, arbeite ich mit dem Futterbeutel – der Futterbeutel dient sozusagen als Ersatzbeute für unsere Hunde. Arbeit mit dem Futterbeutel heißt: Ihr setzt das Futter den Hunden nicht mehr einfach vor, sondern der Hund geht gemeinsam mit uns auf Jagd. Diese Teamarbeit stärkt die Bindung zwischen Mensch und Hund.

Wenn Ihr mit der Futterbeutel-Arbeit beginnt, heißt das ab sofort: Wichtig! Nur noch aus dem Beutel füttern!

Warum nur noch aus dem Beutel füttern? Ein wenig Hunger ist für den Hund eine gute Motivation zur Mitarbeit, ganz besonders natürlich, weil es ums eigene Futter geht. Eine Futternapf-Portion ganz ohne Jagd wirkt da eher ungünstig.

Was für einen Beutel braucht Ihr? Der Futterbeutel sollte groß genug sein, damit das Futter genug Platz hat. Er sollte einen Reißverschluss haben *und* einen Klettverschluss, damit der Hund den Beutel nicht allein öffnen kann, wenn er ihn gefunden hat. Solche Beutel bekommt Ihr im Fachhandel, besonders gut sind sie, wie gesagt, mit Reiß- *und* Klettverschluss, damit der Hund sich nicht einfach selbst bedienen kann.

Als Futter kann alles in den Beutel, was der Hund normalerweise frisst, die Beutel sind waschbar. Für unseren Finn nehme ich gern Pansen, Fleischabschnitte, auch mal Knochen vom

Hausschlachter in der Nähe – nur kein Schwein (wegen der Infektionsgefahr mit der gefährlichen Aujeszkyschen Krankheit).

Und so baut Ihr die Beutelarbeit auf:

Phase 1 – in der Wohnung (nicht draußen!)

- Das Futter kommt in den Beutel und Ihr schließt den Beutel.
- Dann geht Ihr zum Hund und reißt den Beutel vor den Augen des Hundes auf. Dabei ist es wichtig, dass Ihr Euch nicht über den Beutel beugt, sondern den Beutel seitlich haltet. Das signalisiert dem Hund, dass man die Beute nicht verteidigen will, sondern sozusagen freigibt. Ihr legt den Beutel nicht ab, sondern behaltet ihn in der Hand, während der Hund alles leer fressen darf.
- Damit lernt der Hund: Der Futterbeutel ist unsere gemeinsame Beute!
- Das wird wirklich erstmal nur in der Wohnung gemacht!

Phase 2 – in der Wohnung

- Nach ein paar Tagen fangt Ihr an, dem Hund die Strategien des Jagens beizubringen.
- Der Hund soll auf der Decke bleiben (wenn Euer Hund das noch nicht kann, schaut auf Seite 50: So baut Ihr Signale auf).
- Ihr lasst ein paar Meter weg von der Decke den Beutel hinter Euch fallen, geht dann zum Hund und

wenn der Hund auf der Decke geblieben ist und den Besitzer anschaut *(Blickkontakt!)*, schickt der Mensch den Hund los zum Beutel suchen, dazu laut und deutlich das Signal sprechen: „Such den Beutel!"

- Wenn der Hund die Beute im Maul hat, nehmt Ihr ihm mit dem Signal „Apport" den Beutel aus dem Maul, dann reißt Ihr den Beutel auf. Damit hilft der Mensch dem Hund, an das Futter zu kommen – Teamarbeit!
- Ihr behaltet den Beutel wie bisher in der Hand, der Hund darf sofort alles leer fressen. Ist der Hund fertig, wird der Beutel wieder weggelegt, bis es das nächste Futter gibt.

Nach einigen Übungen hat der Hund gelernt, was „Such den Beutel heißt" und dass er durch „Apport" an die Ware kommt.

Phase 3 – draußen

Wenn das Abgeben des Beutels im Haus gut klappt, kann die Suche draußen beginnen. Wenn Ihr einen Garten habt: ideal. Habt Ihr keinen, könnt Ihr raus gehen, so wie Ihr früher spazieren gegangen seid.

- Nun versteckt Ihr den Beutel draußen, lasst ihn einfach hinter Euch fallen, werft ihn ein Stück über einen Graben – der Hund ist währenddessen an der langen Leine. Ihr lauft weiter, dann heißt es: „Such den Beutel", der Hund sucht an der langen Leine, findet, übergibt auf das Signal „Apport" hin den Beutel – Ihr reißt auf, der Hund frisst.

Es ist völlig klar: Die Suche draußen ist für die Hunde anstrengender als drinnen. Um die Beute, also den Futterbeutel, draußen zu finden, muss die Hundenase alle anderen Gerüche ausblenden, die sie wahrnimmt. Keine Sorge, so eine Hundenase schafft das. Aber das Wichtige an der Futterbeutelsuche zusammen mit Euch draußen ist, dass die Hunde das tun, wofür die Natur sie ausgestattet hat: im Team, im Rudel, auf Suche, auf die Jagd gehen und Erfolg haben. Das ist ein großer Unterschied zum Spazierengehen, wo die Hunde – wie ich ja schon erklärt habe – vor allem Stress erleben.

Extra: Euer Hund wird Euch nun wahrscheinlich auch andere Dinge über das Signal „Apport“ aufheben und bringen – das macht alle glücklich und stolz.

Die Futterbeutel-Suche ist besser als jeder Spaziergang!

- verstecken
- suchen
- finden
- apportieren
- öffnen
- fressen

Gemeinsam als Team Beute machen – das ist eine Jagd, die alle belohnt und beglückt.

Monis Grundlagen

Begegnungen

– aber wie gelingen sie?

Besuch kommt ... die drei großen A-s

Wenn es bei uns zuhause an der Tür klingelt, sollten wir den Besuch in die Wohnung lassen, ohne dass der Hund dabei ist. Warum? So weiß der Hund, *wir* kümmern uns darum, er muss nichts tun.

Der Besuch wiederum sollte den Hund, wenn beide sich dann begegnen, anfangs ignorieren. Das beutet:

Die drei großen A-s anwenden:

- nicht ansehen!
- nicht anfassen!
- nicht ansprechen!

Am besten ist es, wenn der Hund erstmal auf seiner Decke liegen bleibt. Sollte das nicht funktionieren, bringen wir den Hund in ein anderes Zimmer, damit er keinen Stress hat.

Wenn der Hund nach einiger Zeit wieder entspannt und ruhig ist, darf er natürlich auf ein Signal (für Signale: siehe Seite 50) wieder zum Besitzer. Oder zum Besucher, wenn das mit dem Besitzer abgesprochen ist. Wenn der Hund die Nähe zum Gast sucht, sollte der Hund ruhig und entspannt gestreichelt werden – seitlich und ohne sich über ihn zu beugen, damit der Hund sich nicht bedroht fühlt und nicht gestresst wird.

Wuff – Hund begegnet anderem Hund ...

Wenn wir mit unserem Hund unterwegs sind und uns ein anderer Hund entgegenkommt, sollten wir den anderen Hund möglichst nicht ansehen, sondern einfach *woanders* hinschauen. Schauen wir den anderen Hund an, kann das für unseren Hund die Aufforderung bedeuten: Oh, ich muss mich kümmern.

Wenn sich zwei Menschen samt Hunden begegnen, schafft es eine entspannte Atmosphäre, wenn sich die Besitzer unterhalten – über das Wetter, über das Essen oder was auch immer. Damit habe ich sehr gute Erfahrungen gemacht. Denn dadurch sind auch die Hunde abgelenkt und es werden keine Stresshormone ausgeschüttet – solche Stresshormone würde der jeweils andere Hund sofort riechen!

Klingeling – Autos, Radfahrer, fremde Menschen ...

Auch wenn uns unterwegs Autos, Radfahrer oder Menschen entgegenkommen, sollte sich der Besitzer nicht darauf fokussieren, sondern woanders hinschauen. So erhält der Hund kein falsches Kümmer-dich-Signal, sondern ihm wird gezeigt: alles in Ordnung!

Monis Grundlagen

So baut Ihr Signale auf

Hier als Beispiel (und sehr wichtig!): das Lösen

Das Löse-Signal bauen wir auf, damit unsere Hunde nicht mehr ihr Revier markieren. Ist nichts markiert, muss der Hund entsprechend auch kein Revier mehr verteidigen. Was klar weniger Stress für alle bedeutet.

Der Aufbau des Löse-Signals geht so:

- Am besten ist es, früh nach dem Aufstehen mit dem Hund rauszugehen. Der Hund hat nach der Nacht Druck auf der Blase und will sich lösen, das bedeutet: Er wird gleich länger sein kleines Geschäft machen. Genau in dem Moment sagen wir ein *Signal,* zum Beispiel: „Mach Gassi!" und dazu loben wir: „prima!", „fein!" oder was wir sonst so gerne sagen, wenn wir den Hund loben. Das Gleiche geschieht, wenn der Hund sein großes Geschäft macht. Wir können genau dasselbe Signal sagen und nach einiger Zeit wird der Hund, wenn er das Signal hört, machen, was er muss, entweder großes Geschäft oder er löst sich oder beides. Wichtig zu wissen: Hunde können auch über das große Geschäft markieren.
- Im Laufe des Tages wird der Hund nicht allein nach draußen gelassen, damit er nicht über den Tag das Revier markiert. Vor allem bei Rüden braucht das etwas mehr Geduld, denn der Hund war es ja bisher gewohnt zu markieren, er hat das sozusagen gelernt. Also dranbleiben und den Hunden Zeit geben, sich an das Neue zu gewöhnen.

Dieser Rüde ist frei – frei von der Aufgabe, sein Revier markieren zu müssen. Das heißt für ihn: Er muss nicht andauernd den nächsten erreichbaren Zaunpfahl oder Baum anpeilen und dort das Bein so hoch wie möglich heben. Nein, er kann einfach an beliebiger Stelle stoppen, das Bein minimal heben und sich lösen. Nicht mehr und nicht weniger und das völlig stressfrei. Diese Stressfreiheit entspannt auch die Menschen im Rudel des Rüden kolossal.

- Wenn der Hund mit draußen ist, nehmen wir ihn an die Leine und wenn er das Bein hebt und markieren will, gehen wir einfach weiter, ohne ihn markieren zu lassen.
- Nach einiger Zeit könnt Ihr dann sagen: „Mach Gassi!" – und der Hund wird sich lösen. Was er gerade muss, ob groß oder klein. Dabei ist wichtig, dass auch da der Hund nicht auf einem Grundstück am Zaun sein Geschäft macht, denn das wäre ja wieder sein Revier.

Hunde lernen das neue Signal in relativ kurzer Zeit. Ohne den permanenten Druck, markieren zu müssen, (Stichwort „Spazierengehen!", mehr ab Seite 21) hat der Hund nun viel weniger Stress, wenn er uns begleitet, da er ja nichts mehr zu verteidigen hat. Auch Begegnungen mit anderen Hunden verlaufen nun meist deutlich entspannter.

> Das Grundprinzip beim Aufbau von Signalen ist immer gleich: Wenn der Hund etwas tut, was in unserem Sinne ist, sagt man ein Signalwort. Der Hund versteht natürlich nicht, was das Wort konkret bedeutet, es ist sozusagen nur ein akustisches Signal, aber er verknüpft das Signal mit einer positiven Bestätigung, denn er bekommt nach dem Signal und der Aktion natürlich ein Lob. Nach einiger Zeit wird der Hund das Signal und die Handlung automatisch verknüpfen.

Monis Grundlagen

Verhältnis Hund und andere Tiere

Wer gehört zum Rudel?

Unsere Hunde sind sehr soziale Wesen und wir Menschen können ihnen daher ganz einfach klarmachen, wer zum Rudel gehört, also zur Familie. Egal, welches Tier neu in unsere Familie kommt, ob Katze, Schaf oder andere Tiere, wichtig ist, dass wir unseren Hunden zeigen: Der oder die neue gehört jetzt dazu. Das zeigen wir, indem wir diese Tiere zum Beispiel vor den Augen unserer Hunde füttern, sie streicheln und ihnen Zuwendung geben. Der Hund weiß dann: Aha, der oder die gehört nun zum Rudel. Genauso wichtig ist es übrigens umgekehrt, den Hund vor den anderen Tieren zu füttern, damit auch die Ankömmlinge wissen, wer dazu gehört.

Wenn zum Beispiel im Frühjahr unsere neuen Lämmer angekommen sind, nehme ich Finn mit zu ihnen auf die Weide, er erhält vor den Augen der Schafe sein Futter (ja, aus dem Futterbeutel, mehr dazu auf Seite 43) und gleichzeitig kriegen die Schafe Futter aus meiner Hand. So wissen alle: Hier ist keine Gefahr, wir gehören alle hierher.

Es lässt sich genauso lernen, wer nicht dazu gehört. Wenn wir ein Tier vor den Augen unseres Hundes verjagen, heißt das für den Hund: Das ist der Feind! Das hat Finn mich gelehrt, als ich vor ein paar Jahren einen Fuchs auf unserer Wiese gesehen habe, der sich sehr für unsere Enten interessierte. Nur einmal habe ich zu Finn „Pass auf!“ gesagt und zum Fuchs gezeigt. Finn rannte sofort los und vertrieb den Fuchs. Wenn ich jetzt nur „Pass auf!“ sage, rennt Finn los, auch wenn da gar nichts ist. Das heißt, er hat sich dieses Signal sofort gemerkt und verknüpft mit dem Auftrag: Kümmere dich darum, das ist eine Gefahr! Den Ausruf „Pass auf!“ kannte Finn vorher gar nicht, nun hat er dieses akustische Signal gelernt (wie Ihr mit Euren Hunden solche Signale aufbaut: Seite 50).

Ob Lamm, Katze oder anderes Tier – Finn lernt schnell, wer dazu gehört zu seiner Familie, zu seinem Rudel ...

Missverständnisse

Leinenaggression falsch verstanden

Manche Menschen sagen: „Mein Hund ist aggressiv an der Leine. Warum?“ Nun, die Antwort ist ganz einfach. Was passiert denn oft, wenn wir mit unseren Hunden an der Leine laufen und uns kommt ein anderer Hund entgegen? Na klar, unser Hund will hin und zieht an der Leine. Das kann man dann, je nach Temperament, als aggressiv bezeichnen.

Wie schon gesagt, kommunizieren unsere Hund vor allem über die Gerüche. Unsere Hunde gehen zuerst mit der Nase raus, wir Menschen mit den Augen. Wir Menschen sehen: Wo ist was? Die Hunde riechen: Wer war hier. Das ist wieder vergleichbar mit dem Wolf. Das wichtigste Organ für Hund wie Wolf ist die Nase. Wenn also unserem Hund ein anderer Hund entgegenkommt und er hinmöchte, will er meist einfach nur wissen: Wer bist du? Alter, Geschlecht ... Wie bist du? Krank, gesund, aggressiv oder nur neugierig?

Um das alles herauszufinden, beriechen sich Hunde an den Genitalien. Jetzt hält der Mensch den Hund aber mit der Leine fest, weil er nicht möchte, dass der eigene Hund zum anderen kommt. Der Hund kann also nicht hin. Was tut er? Er steigert sich rein in die Situation. Und der Mensch tut meist unbewusst noch einiges dazu, dass es schlimmer wird – er wird laut, regt sich auf und fängt irgendwann an, sauer auf seinen Hund zu sein. Das alles – und jetzt kommt es –bezieht der Hund meistens nicht auf sich, sondern auf den *anderen Hund*! Und je aufgeregter der Besitzer ist, umso mehr steigert sich der eigene Hund rein.

Vergleichen können wir das mit einer Situation Mensch-Mensch-Begegnung. Situation: Ich gehe mit meinem Mann spazieren, da kommt uns einer mit einem großen Stock in der Hand entgegen. Der Stock ist natürlich irgendwie völlig unangebracht, mein Mann möchte uns beschützen und will zu dem Mann hin, ich halte meinen Mann aber fest und lasse nicht los. Der fremde Mann kommt aggressiv immer näher. Was würde mein Mann tun? Er würde immer wütender werden, weil er mich beschützen möchte. Dann kann seine Aggression sich möglicherweise steigern. Nicht mehr unbedingt wegen des Mannes, der uns entgegenkommt, sondern weil ich meinen Mann nicht loslassen will. Kein Wolf würde einen anderen Wolf aus dem Rudel festhalten, wenn Gefahr droht. Nein, sie würden im Team ihr Revier verteidigen, das sie vorher markiert haben.

Der Hund soll sozialisiert werden?

Immer wieder höre ich von Menschen: Sie möchten, dass ihr Hund sozialisiert wird, also sich mit anderen Hunden versteht und gegenüber seinen Besitzern nicht körperlich wird. Was heißt hier „sozialisiert"? Viele denken, Sozialisierung heißt, dass ein Hund lernt, sich mit allen anderen Hunden zu verstehen. Viele besuchen darum auch mit ihren Hunden eine Hundeschule, damit der Hund Umgang mit Artgenossen hat und künftig alle Hunde gut findet, die er sieht.

Das ist nicht der richtige Ansatz. Sozialisierung heißt, dem Hund Grenzen setzen. Zu helfen, wenn Hilfe nötig ist, ein strukturiertes „Rudel" zu sein. Und zusammen Dinge zu tun (zum Beispiel Futtersuche).

Natürlich ist es schön für unsere Hunde, wenn sie ein paar Kumpel haben, mit denen sie Spielverhalten ausleben können. Genauso wie wir Menschen es gut finden, Freunde zu haben, zu reden, Spaß miteinander zu haben und den gleichen Interessen nachzugehen. Die meisten von uns waren im Hort, in der Schule, hatten Freunde und viele Kontakte mit Menschen, aber – und jetzt kommt es – deshalb mögen wir doch nicht alle Menschen! Der beste Kumpel interessiert sich auf einmal für die Frau, die du auch gut findest. Da hört es mit der Freundschaft auf. Die Natur sagt: Zeit für Fortpflanzung – und der beste Kumpel wird der Feind.

Sozialisierung heißt, die Kinder auf das Leben vorzubereiten, in der Familie lernen, was richtig ist und was nicht. Das ist wieder vergleichbar mit dem Wolf, auch hier lernen die Jungen von ihren Elterntieren, Grenzen zu akzeptieren. Das hat etwas mit Rücksicht, Sicherheit und Vertrauen zu tun. Wird ein Wolfsjunges zu forsch, setzen die Alten eine Grenze, das kann auch mal unangenehm sein für den Welpen. Schnappt er zu sehr, wird er körperlich korrigiert, um ihm zu sagen, das war zu heftig. So bereiten die erwachsenen Tiere die jungen auf das Leben vor und die orientieren sich an ihren Eltern, weil sie genau wissen, was gemeint ist. Da gibt es nur ja oder nein, kein vielleicht. Ein „Ich treffe alle Entscheidungen!" gibt Sicherheit und Klarheit.

Das kann man auch mit uns Menschen und unseren Kindern vergleichen: Nur weil es ein kleines Kind ist, sollte dieses kleine Kind nicht den anderen gegen das Schienbein treten dürfen; es sollte auch lernen, Danke und Bitte zu sagen. Wir alle freuen uns, wenn wir Zuwendung bekommen, ein Lächeln, ein „Danke für deine Hilfe". So etwas macht das Leben schöner.

Der große Unterschied zwischen Mensch und Hund ist: Die Kinder wandern, wie im Wolfsrudel, irgendwann ab, gründen eine eigene Familie, ihr eigenes Rudel. Aber wir möchten natürlich, dass unsere Hunde bis an ihr Lebensende bei uns bleiben. Deshalb sollten wir Grenzen setzen, sollten ihnen Sicherheit und eine Aufgabe geben.

Beispielsweise ist Teamarbeit, gemeinsam Beute zu machen über den Futterbeutel, uns Dinge aufzuheben, mit der Nase

Dinge oder den Partner zu suchen. Diese Teamarbeit können Hunde im Alltag lernen. Das macht allen Freude und ist darüber hinaus oft sogar nützlich.

Noch was

Die anstrengenden Schnüffelnasen ...

Das wichtigste und vor allem anstrengendste Organ für den Hund ist die Nase! Sie funktioniert vielfach besser als die des Menschen und das kann beim Hund wirklich Stress auslösen. Dabei geht es nicht um das Schnüffeln aus Neugier: Wer war wo und warum? Hündin? Rüde? Beute? Der Hund hat ein Informationsbedürfnis. Es kann für einen Rüden eine Hündin sein, die interessant riecht und damit „sagt“, ich bin bereit (läufig) und auf der Suche nach einem Partner, es können wilde Tiere sein, da geht es um Jagd. Das Informationsbedürfnis der Hunde hat – genauso wie bei den Wölfen – mit Sicherheit und also mit Überleben zu tun. Denken wir an den Wolf: Er ist im Wald darauf angewiesen, passende Gerüche herauszufiltern, um dann zu jagen und Beute zu machen.

Gönnen wir also unserem Hund ganz besonders das Erfolgserlebnis, das mit der Futterbeutel-Suche verbunden ist, – so lernt er, wie lohnend es ist, sich auf einen Geruch ganz zu konzentrieren und alle anderen Düfte auszublenden.

Monis Kleine Schnüffelnase

Stichwörter

Leben | Rellin Verlag

 # Ein etwas anderer Verlag. Der Rellin Verlag wurde gegründet im Jahr 2011, einzig um mein Buch „Klar bin ich eine Ost-Frau!" (Rowohlt Berlin, 2004) wieder als schöne Hardcover-Ausgabe verfügbar zu machen. Aber dann tauchte der Grimmaer Dachdeckermeister Johannes Heine mit seinem Tagebuch-Aufzeichnungen aus der Zeit seiner Krebserkrankung in der **Rellin Schreibwerkstatt** auf und schnell war klar: Wir machen sein Buch gemeinsam – 2019 im Rellin Verlag.

Ich startete die Reihe **Leben | Rellin Verlag**, denn ich ahnte: Da gibt es noch das eine oder andere weitere passende Manuskript „direkt aus dem Leben". Passend heißt: Das Buchprojekt hat ein Thema, das für bestimmte Leserinnen und Leser wichtig ist, und ich brenne dafür, dass sie das Buch dazu finden können – und zwar genau so, wie Autorin und Verlegerin sich das vorstellen. Das bedeutet zum Beispiel: dass wir uns auf den Kopf stellen, um auch für „schwierige" Themen Lesungen zu organisieren. Das zweite Buch in der Reihe wurde prompt „Kein Licht der Welt. Die Geschichte einer Stillen Geburt". Carola Kalks erzählt – gestützt auf eigene Erfahrung – die Geschichte von Conny, die nach dem Verlust ihres Kindes, liebevoll begleitet von ihrem Ehemann, ins Leben zurückfindet.

Simone Müllers Hundebuch liegt mir am Herzen, weil es den Alltag von Familien und Hunden leichter machen kann – wie schön! Du möchtest wissen, was noch in der Pipeline der Reihe **Leben** ist? Nun, besondere Bücher zu Diabetes und Parkinson zum Beispiel. Das bisherige Verlagsprogramm steht auf den nächsten Seiten. Mehr Infos zu aktuellen Terminen von Verlag (Lesungen) und Schreibwerkstatt (Trainings) findest du im Internet unter www.rellinverlag.de

Viel Freude beim Lesen wünscht

Martina Rellin

Klar bin ich eine Ost-Frau! Frauen erzählen aus dem richtigen Leben. Martina Rellin, 278 Seiten, nur noch über den Verlag erhältlich (info@martinarellin.de), gerne mit Widmung, wählen Sie zwischen roter oder schwarzer Innenausstattung. Im Original bei Rowohlt Berlin erschienen (Spiegel-Bestseller) bietet diese Neuauflage bis heute ein pralles Spektrum Frauen-Leben: von der Verwaltungsangestellten mit Liebhaber über die zupackende Gastwirtin in Lubmin bis zu der jungen Frau, die ihre Ost-Wurzeln erst im Westen entdeckt. Ein Klassiker zu DDR und Nachwendezeit.

Ein Mann steigt seinem Krebs aufs Dach. Das Mutmach-Tagebuch. Johannes Heine & Martina Rellin, 380 Seiten, 2019. ISBN 978-3-9814798-1-2. Johannes Heine, Dachdeckermeister aus Grimma, kannte das Hamsterrad Arbeit nur zu gut – bis er die Krebsdiagnose bekam. Er schrieb Tagebuch, um mit allem besser klarzukommen. Ein Buch, das gerade Männern Gesprächspartner ist.

Kein Licht der Welt. Die Geschichte einer Stillen Geburt. Carola Kalks, 56 Seiten, Nov. 2022. ISBN 978-3-9814798-3-6. Einfühlsam erzählt Carola Kalks die Geschichte von Conny und Michael, die nach der Geburt ihres toten Kindes wieder ins Leben zurückfinden. Das Buch beruht auf eigenem Erleben der Autorin – und bringt uns alle ins Nachdenken über die Frage: Wie gehen wir eigentlich um mit Menschen, die einen Schicksalsschlag erlitten haben

Amors Kirschkern. Brigitte Luber, April 2023, ISBN 978-3-9814798-5-0, „Das muss man sich mal geben. Erst starrt er mich an, bis ich mich ganz nackig fühle, und dann schleicht er sich heimlich ran und spuckt mit Kirschkernen nach mir." Nach einer kurzen und heftigen Affäre stellt sich für Sean und Ricarda die Frage: Kann, darf und wird aus dieser Sommerliebe mehr werden?

Tauchnitzhaus. Annegret Schowalter, April 2023, ISBN 978-3-9814798-6-7. Angelika schlängelt sich durch – auf der Suche nach Leben, Liebe, Leidenschaft. Und dann ist da noch – Gelis Sehnsucht nach dem Westen ... Ein Roman aus DDR-Zeiten in einer sächsischen Kleinstadt.

Ich und die DDR. Johannes Heine, 202 Seiten, April 2023, ISBN 978-3-9814798-4-3. Gläubig, anständig, aufmüpfig – so wuppt Dachdecker Hannes Heine in Cottbus den ganz normalen Alltag in der DDR. Nach Feierabend – mit *Pfuscher*-Schichten für den Wohlstand aller. Bei der Fahne – mit Spezial-Kaffee gegen die Mangelwirtschaft. Am FKK-Ostseestrand – mit „Fass einem nackten Mann in die Tasche" bei der Ausweiskontrolle. Bereits mit Familie verwirklicht Hannes seinen Traum: Als Meister übernimmt er eine private Dachdeckerfirma in Grimma. Seine DDR-Lektion lernt er gründlich: Geht nicht, gibt's nicht.

Alle aktuellen Bücher im Handel.

Infos zu Lesungen, Lust auf signierte Bücher?

www.rellinverlag.de, info@rellinverlag.de